U0352064

超级飞侠 3

好玩的数学

排列乐趣多

奥飞动漫 / 著 天代出版 / 编

全国百佳出版单位
吉林出版集团股份有限公司

图书在版编目（CIP）数据

超级飞侠3好玩的数学. 排列乐趣多 / 奥飞动漫著；
天代出版编. — 长春：吉林出版集团股份有限公司，
2018.1
　ISBN 978-7-5581-2660-4

Ⅰ. ①超… Ⅱ. ①奥… ②天… Ⅲ. ①数学－儿童教
育－教学参考资料 Ⅳ. ①O1

中国版本图书馆CIP数据核字(2017)第104345号

CHAOJI FEIXIA 3　HAOWAN DE SHUXUE　PAILIE LEQU DUO

超级飞侠3　好玩的数学　排列乐趣多

著：奥飞动漫	编：天代出版
丛书策划：徐彦茗	责任编辑：欧阳鹏
技术编辑：王会莲　徐　慧	特约编辑：边晓晓
封面设计：徐　莉	排版制作：刘弘毅
开　本：787mm×1092mm　1/16	字　数：50千字
印　张：3	版　次：2018年1月第1版
印　次：2018年1月第1次印刷	

出　版：吉林出版集团股份有限公司	发　行：吉林出版集团外语教育有限公司
地　址：长春市泰来街1825号	邮　编：130011
电　话：总编办：0431-86012683	网　址：www.360hours.com
发行部：010-62383838	印　刷：北京瑞禾彩色印刷有限公司
0431-86012767	

ISBN 978-7-5581-2660-4　定价：16.80元

亲爱的爸爸妈妈：

　　3～6 岁的儿童处于知识积累的敏感期，这个年龄段的孩子会对各个领域的知识表现出浓厚的兴趣，而且学得特别快。如果能够把握住这个关键时期，给予孩子适当的指导，那么孩子不仅可以充分感受到认识世界的快乐，还能为以后的学习打下良好的基础。

　　《3～6 岁儿童学习与发展指南》提出："数学应扎根于儿童的生活与经验，在探索中发现数学和学习数学，并学会运用数学去解决日常生活中的问题，从而获得自信，感受和体验到数学的乐趣。"在这个时期，数学领域认知的重点应放在数学思维方法的形成和训练上，认知内容应贴近儿童的生活经验，认知方式应采取游戏的形式，让儿童在游戏中、生活中、活动中学习数学。

　　《超级飞侠 3 好玩的数学》系列是一套专为 3～6 岁儿童精心打造的数学思维能力训练游戏书。本系列图书内容全面，涵盖了基础知识认知、思维能力训练、数学在生活中的运用等；游戏形式多样，找不同、数字迷宫、连线、涂色……让孩子在轻松、愉快的氛围中掌握数学知识，提高数学思维能力，培养数学学习兴趣。

　　我们衷心希望这套图书能够帮助孩子赢在数学启蒙的起跑线上，为今后的数学学习奠定坚实基础。

超级飞侠 3 好玩的数学 编委会

认识大小

尼斯湖水怪

乐迪要去苏格兰给嘉伦送包裹。一只**大**羊和一只**小**羊看着乐迪飞走了。

请你用三角形圈出大羊。

嘉伦的包裹里是一支风笛。他们来到尼斯湖边，嘉伦吹响风笛。不可思议的事情发生了，尼斯湖**大**水怪突然跃出水面。乐迪和**小**嘉伦非常开心。

请你用长方形圈出小嘉伦。

4

请你将下面每组图中较小的事物用绿色的笔圈起来吧。

请你找出图中最大的事物，在它下面的圆圈里涂上红色。再找出图中最小的事物，在它下面的圆圈里涂上蓝色吧。

 小朋友，你答对了吗？答对的话就在大桃心里涂上黄色，奖励自己吧。

做包子

包裹快递，我是乐迪，每时每刻，准时送达！

欢迎你，乐迪。

请你比一比，乐迪和小朋友谁是高的，谁是矮的？

比较高矮时，要站在同一高度哟！

请你将下面每组图中高的事物用黄色的笔圈起来吧。

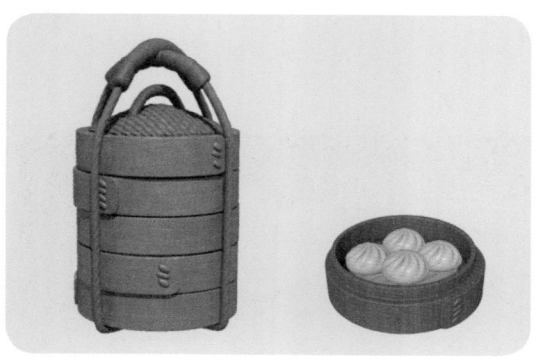

6

下面两幅图中有 5 处不同，请你找一找。再说一说图中谁最高、谁最矮吧。

_____ 最高，_____ 最矮。

小朋友，你答对了吗？答对的话找出最高的星星，给它涂上红色，奖励自己吧。

大象的长鼻子

小朋友，请你比一比，哪个木桩是长的，哪个木桩是短的？

8

请将下图中鼻子最长的大象用红笔圈起来，鼻子最短的大象用蓝笔圈起来吧。

下面的两幅拼图还没有拼完，请你找出每张拼图中缺少的部分，用线连起来。
再说一说这两幅图中谁的脖子长，谁的尾巴短吧。

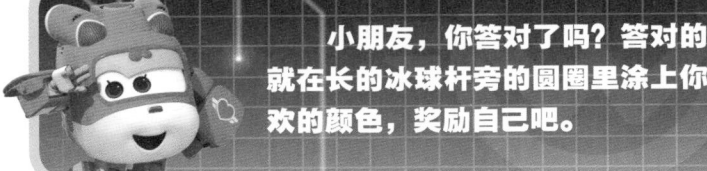

_____的脖子 **长**，_____的尾巴 **短**。

小朋友，你答对了吗？答对的话
就在长的冰球杆旁的圆圈里涂上你喜
欢的颜色，奖励自己吧。

9

可口的蛋糕

好啊！

我要做一个最好看的蛋糕。

小朋友，请你比一比，哪个蛋糕是厚的，哪个蛋糕是薄的？

请你将下面每组图中厚的事物用绿色的笔圈起来，薄的事物用橙色的笔圈起来吧。

10

请你将图中的虚线部分用红色描成实线，再比较它们，用蓝色的笔圈出厚的事物，用黄色的笔圈出薄的事物吧。

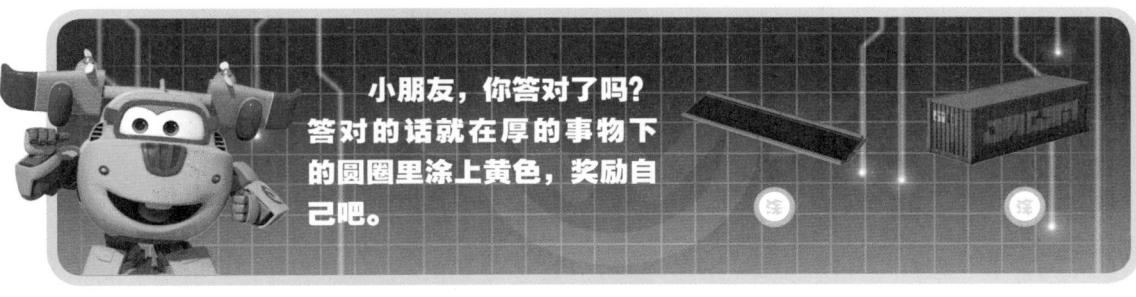

小朋友，你答对了吗？答对的话就在厚的事物下的圆圈里涂上黄色，奖励自己吧。

假面舞会

舞会大厅布置得好漂亮啊！

小朋友，请你比一比，气球的绳子和交通指挥棒哪个是粗的，哪个是细的？

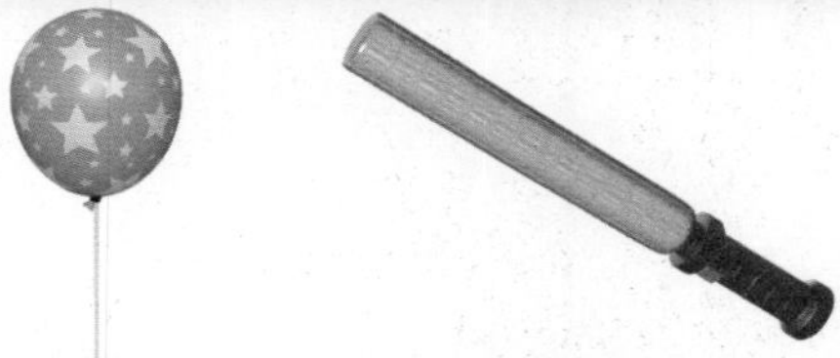

请你将下面两组图中粗的事物用绿色的笔圈起来，细的事物用红色的笔圈起来吧。

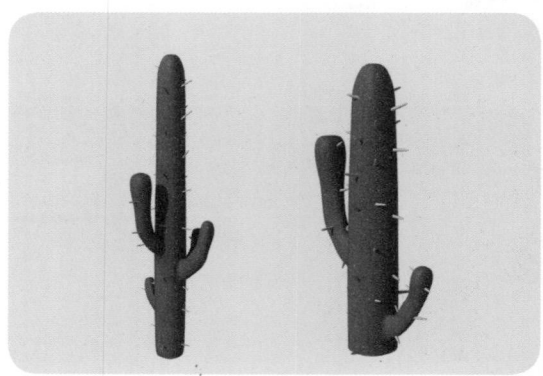

下面两幅图中有 5 处不同，请你找一找吧。再从图中找出粉色的魔法棒和吸管，比一比它们谁粗谁细吧。

_____ 粗，_____ 细。

风筝

我是乐迪。

我们一起放风筝吧。

我是小爱。

14

小朋友，请你比一比，乐迪和风筝哪个是轻的，哪个是重的？

请将下面两组图中轻的事物用红笔圈起来，重的事物用蓝笔圈起来吧。

下面两幅图中有 6 处不同，请你找一找吧。再找出图中的风筝和石头，比一比它们谁轻谁重吧。

_____ 是重的，_____ 是轻的。

小朋友，你答对了吗？答对的话就
在重的事物上涂上红色，奖励自己吧。

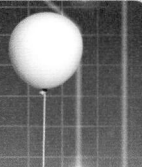

闪亮的星星

小朋友，请你说一说，星星的排列规律是什么吧。

请找出图中星星的排列规律，并按照这一规律给没有颜色的星星涂上相应的颜色。

小朋友，请你观察图中的排列规律，并按照这一规律给没有颜色的小羊涂上相应的颜色吧！

草裙舞

小朋友，请你说一说，花朵的排列规律是什么吧。

请观察图中花朵的排列规律，并按照这一规律给没有颜色的花朵涂上相应的颜色吧。

莱拉妮的表演赢得了阵阵掌声，大家要给莱拉妮和她爸爸送上花环和气球，请你按照排列规律给花朵和气球涂上相应的颜色，送给他们吧！

1

2

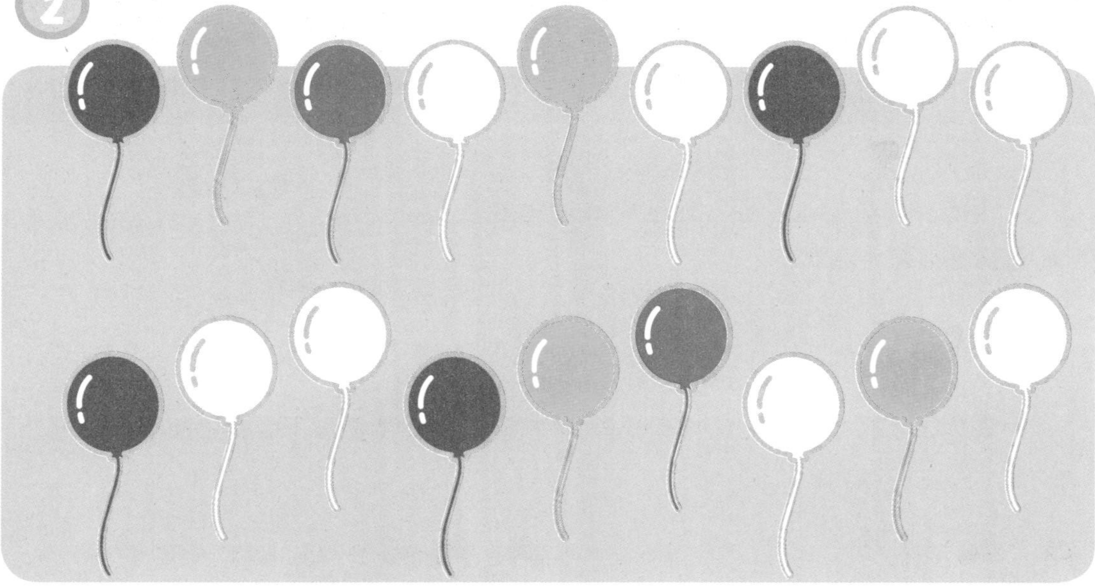

小朋友，你答对了吗？答对的话就在按照红黄绿规律排列的项链下的圆圈里涂上你喜欢的颜色吧。

涂　　　涂

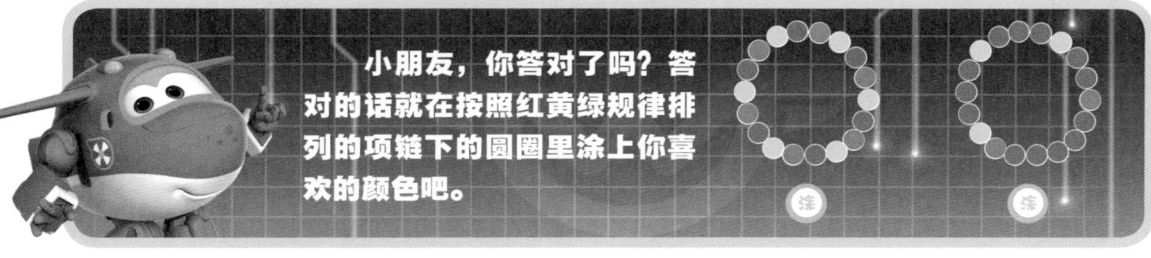

ABCC
规律

花车大巡游

小朋友，请你说一说，右图花车车尾颜色的排列规律是什么吧。

请你找出图中救生圈的排列规律，并按照这一规律把剩下的救生圈画出来吧。

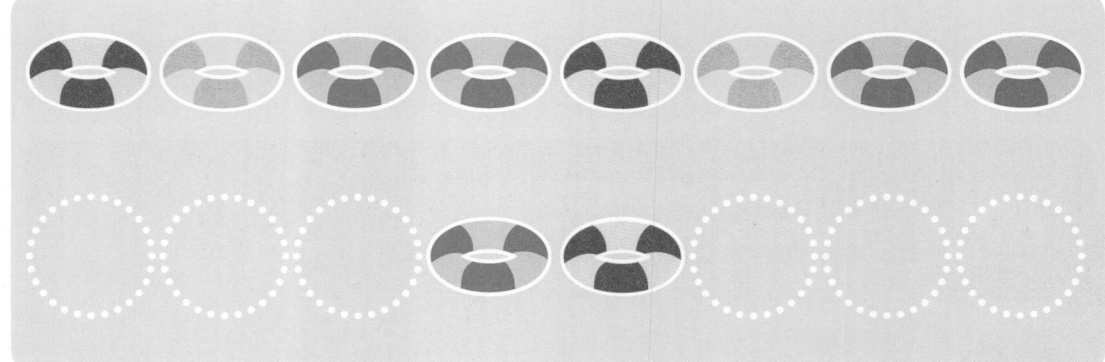

20

请你按照 [图] → [图] → [图] → [图] 的顺序走出迷宫。比一比谁走得最快吧。

21

终 点

我会分类

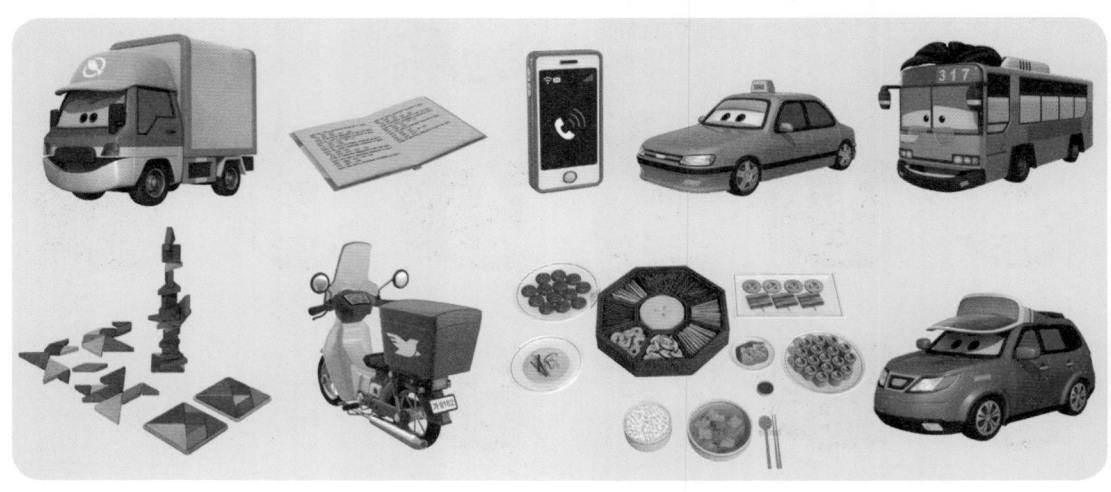

小朋友，请你说一说，桌子上的物品可以分为哪两类吧！

请你将图中的食物画三角，交通工具画圆圈，比一比谁画得又快又好。

下面两幅图中有5处不同，请你找一找。再按照图中事物的特征，将它们分成食物、用品和植物三类。

_____属于食物类，_____属于用品类，_____属于植物类。

消防员叔叔

请你找出图中的消防员叔叔吧。

图中都出现了哪些职业，请用蓝色的笔圈出来吧。

请你根据小朋友的服装说一说他们的职业都是什么。再把图中
属于艺术类的职业用红笔涂上颜色，体育类的职业用蓝笔涂上颜色。

海底的小鱼

小朋友，请你把图中既是橙色，又能游动的小鱼找出来吧。

请把图中既是紫色，又固定不动的事物用蓝笔圈起来吧。

请你把图中既是白色，又能奔跑的小绵羊旁边的圆框里，用黄色的笔涂上颜色。

请你将图中红色的生活用品用红笔涂上颜色，黄色的食物用黄笔涂上颜色，绿色的植物用绿笔圈涂上颜色。

袋鼠跳跳跳

小朋友，请你按照从高到矮的顺序，给他们排队吧。

请你按照从矮到高的顺序给图中的人和动物排序，
然后用线将他们的顺序和相应序号连接起来。

第一　　第二　　第三　　第四

下面两幅图中有 6 处不同，请你找一找吧。再按照从高到矮的顺序，给第一幅图中的超级飞侠和他的朋友们排排队，再写在下面吧。

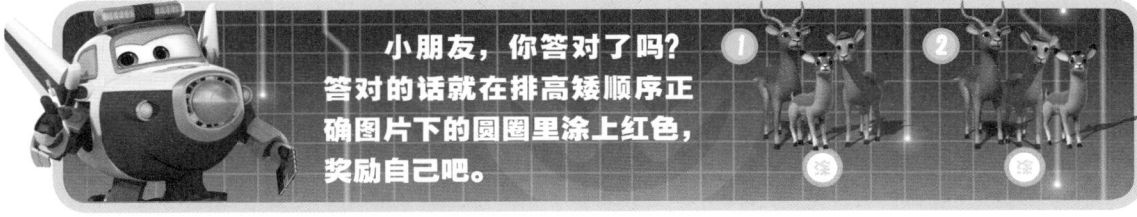

 最**高**排第 **1**，排第 **2**，排第 **3**，排第 **4**，最矮排第 **5**。

小朋友，你答对了吗？答对的话就在排高矮顺序正确图片下的圆圈里涂上红色，奖励自己吧。

拯救小羚羊

爸爸妈妈，我终于找到你们啦。

小朋友，请你按照从多到少的顺序给他们排排队，并把顺序写在圆圈内。

○　　○　　○

请你将图中数量最多的事物用红笔圈起来，数量第二多的用黑笔圈起来，数量最少的用蓝笔圈起来吧。

30

请你按照从多到少的顺序给运动员、羚羊、长颈鹿、大象、小象排序吧。

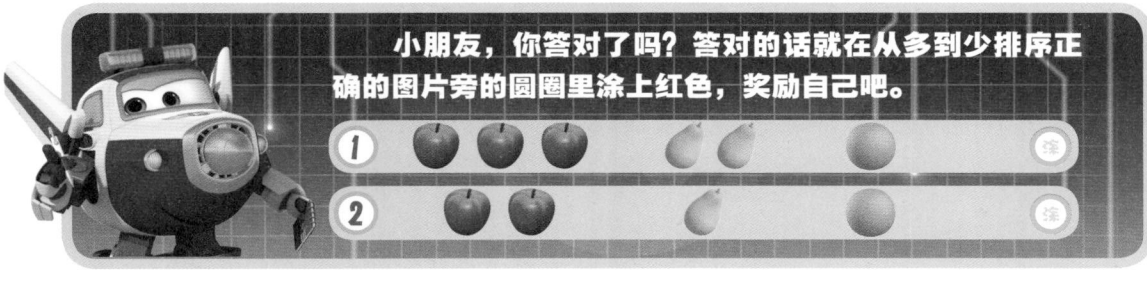

_____ 最多，_____ 排第 **2**，_____ 排第 **3**，
_____ 排第 **4**，_____ 最少。

小朋友，你答对了吗？答对的话就在从多到少排序正确的图片旁的圆圈里涂上红色，奖励自己吧。

①     涂

②  涂

缤纷舞衣

小朋友，请你按照绿色衣服、黄色衣服、蓝色衣服的顺序给图中的小朋友们重新排队，并写上序号吧。

米娜用红色、黄色、蓝色染出了颜色各异的舞衣。小朋友，请你按照红色→黄色→蓝色的顺序给图中的衣服涂上正确的颜色吧。

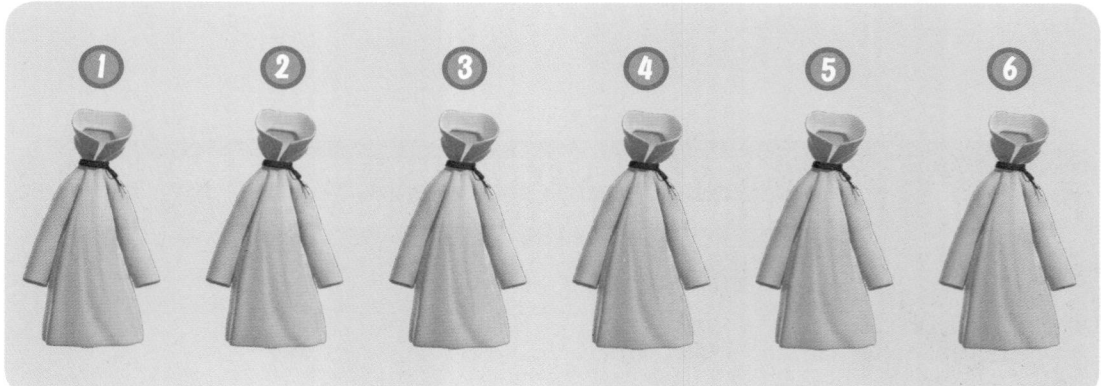

请你按照红色→黄色→蓝色→绿色→紫色→红色的循环顺序给没有颜色的方块涂上正确的颜色吧。

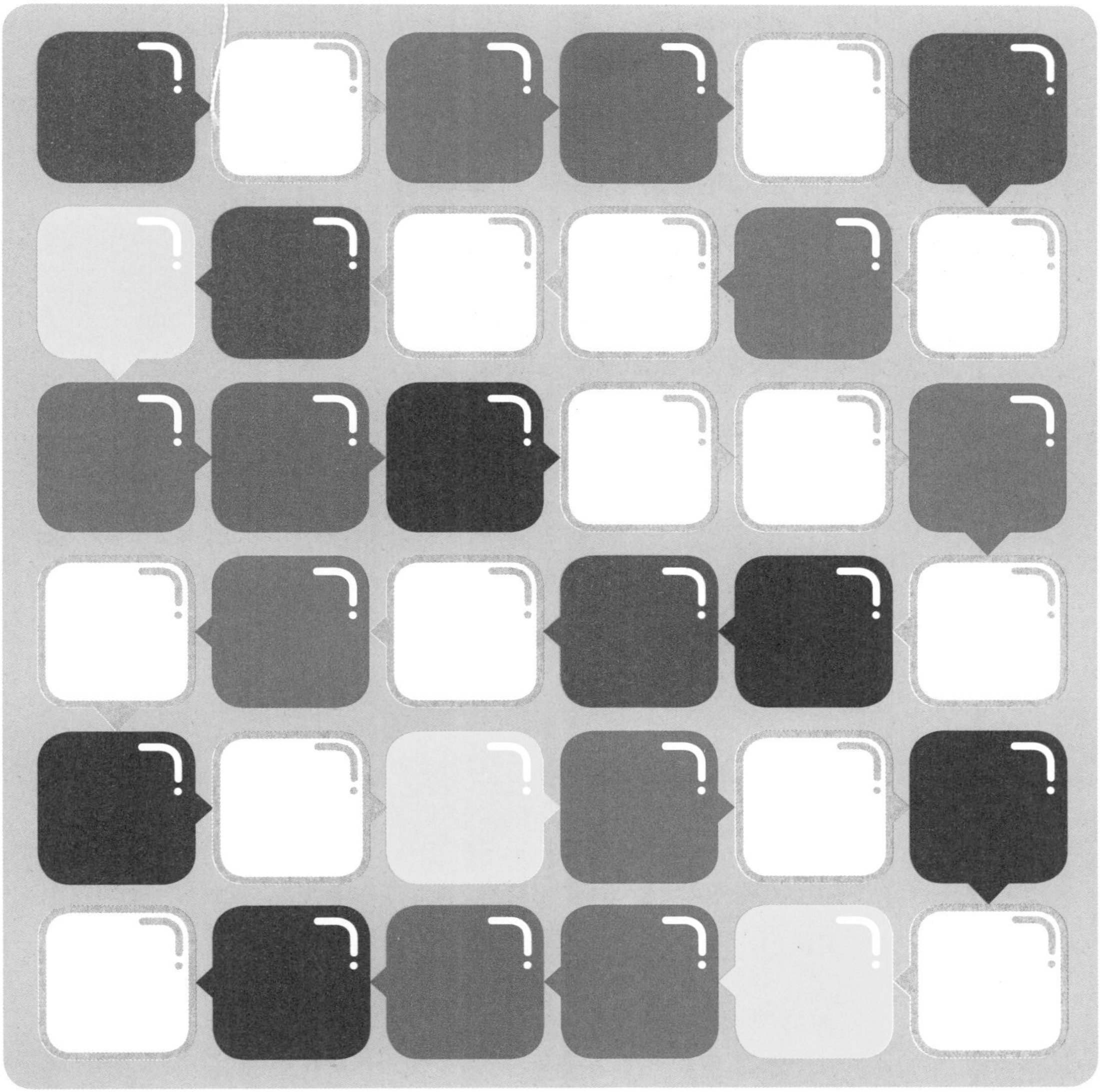

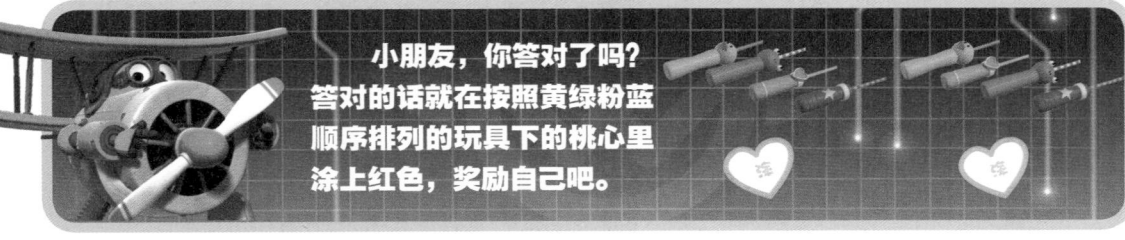

小朋友，你答对了吗？
答对的话就在按照黄绿粉蓝顺序排列的玩具下的桃心里涂上红色，奖励自己吧。

颜色找朋友

小朋友，请你根据颜色判断，找出超级飞侠住的房子，用线把主人和房子连起来吧。

请你找一找图中的房子是谁的家，将正确的号码写在房子旁的圆圈里吧！

① ② ③ ④ ⑤

请你找出小朋友的衣服色块配对正确的图，在它们旁边的圆圈里涂上你喜欢的颜色吧。

① 答案 ◯

② 答案 ◯

③ 答案 ◯

④ 答案 ◯

小朋友，你答对了吗？答对的话就在两只一样的折纸旁涂上红色，奖励自己吧。

①

②

谁长谁短

小朋友，请你说一说，这三个盒子是一样长的吗？如果不是，请找出哪个盒子最长，哪个盒子最短。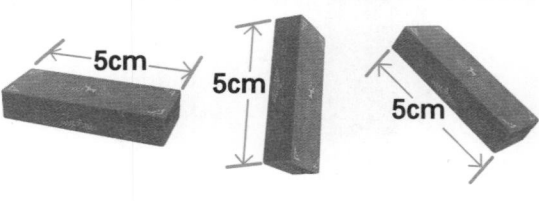

请你说说图中小狗的围栏是一样长吗？如果是一样长就在圆圈里打"√"，不一样长就在圆圈里打"X"。

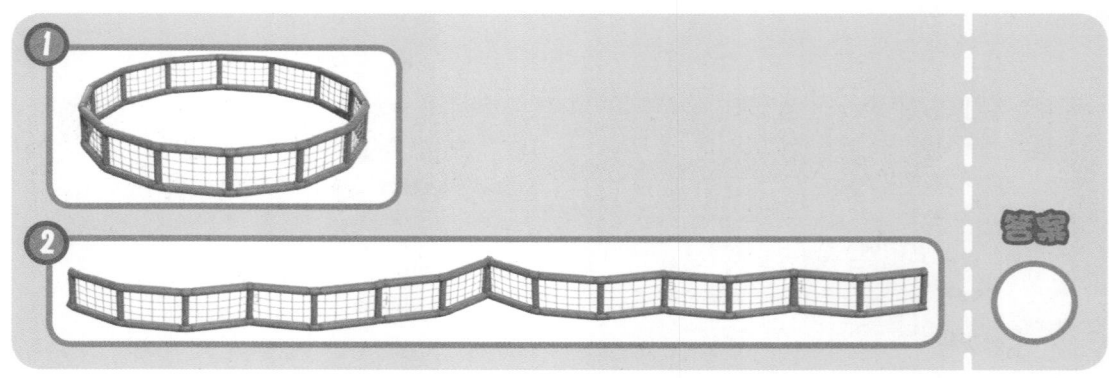

答案

请你看图说一说，四只小狗谁跑的距离最长，谁跑的距离最短，谁和谁跑的距离一样长呢？

① 答案

② 答案

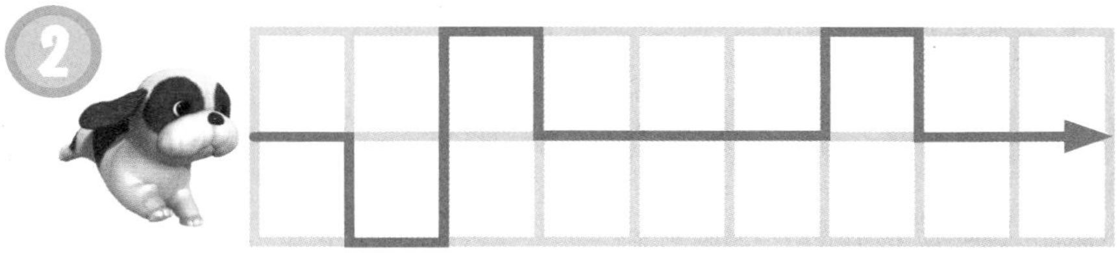

③ 答案

④ 答案

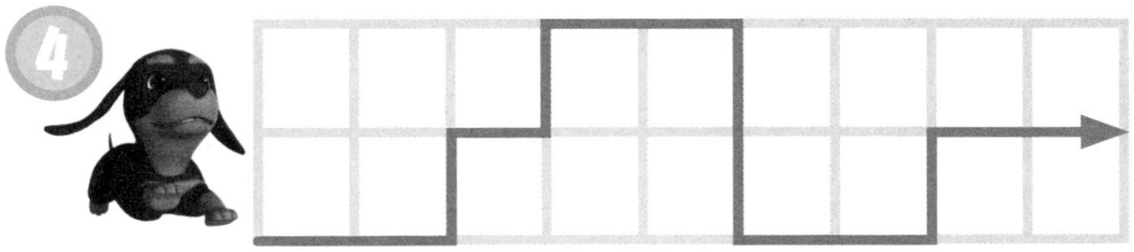

小朋友，你答对了吗？答对的话就在长度相同的一组图片旁涂上红色，奖励自己吧。

①

②

小小探险家

看，我们收集了很多刺角瓜！

小朋友，请你说一说，这两组刺角瓜的数量是否一样多？如果不是，请找出数量较多的那一组吧。

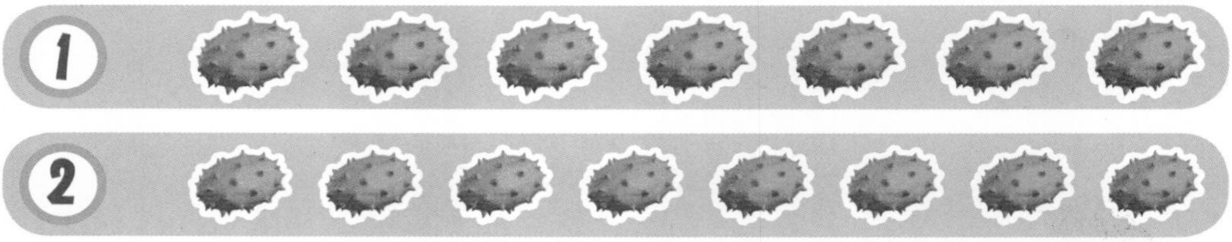

1

2

请你说说图中小河马的数量一样多吗？如果是一样多就在圆圈里打"✓"，不一样多就在圆圈里打"X"。

答案

○

请你找出下图中数量一样多的一组，给它们涂上你喜欢的颜色吧。

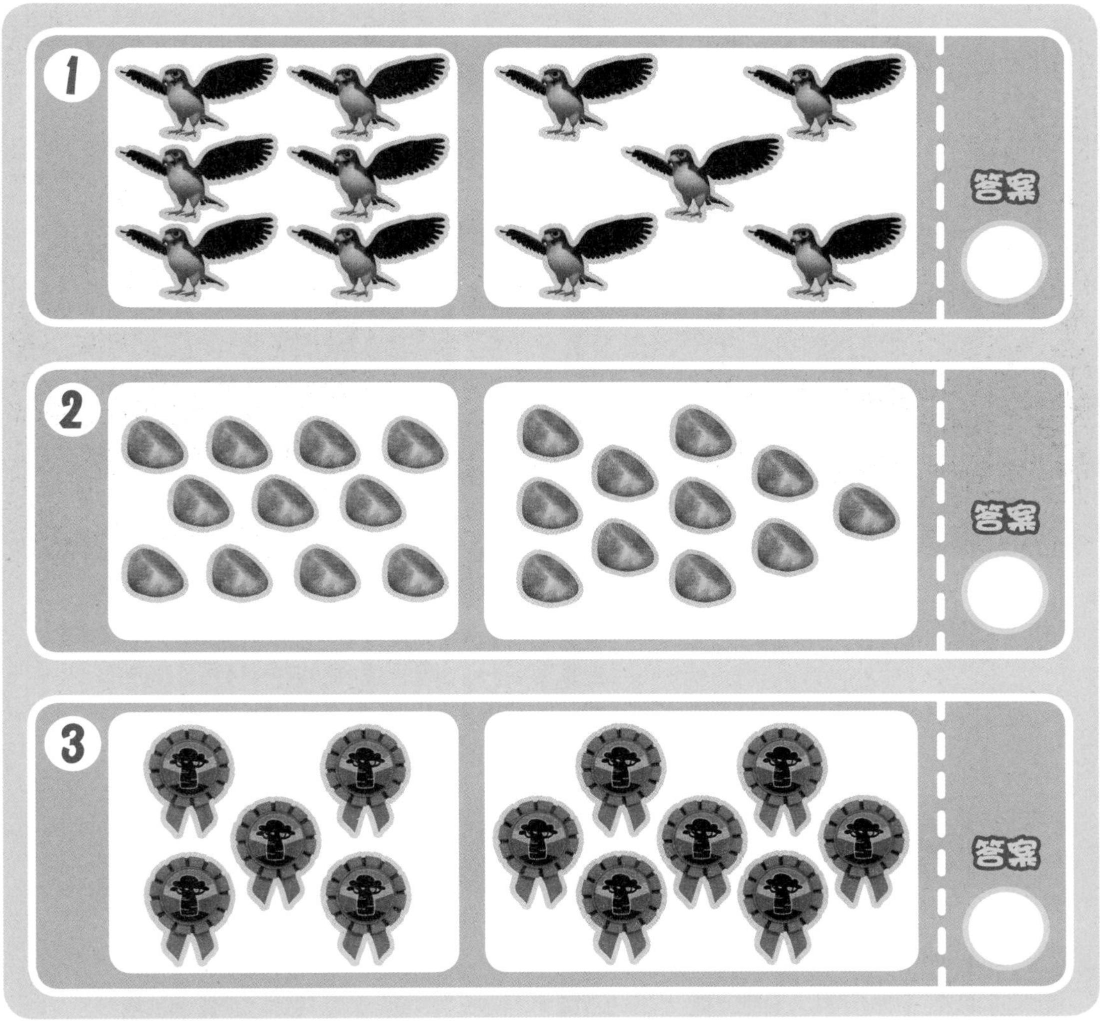

① 答案 ○

② 答案 ○

③ 答案 ○

小朋友，你答对了吗？答对的话就在数量相同的图片旁涂上红色，奖励自己吧。

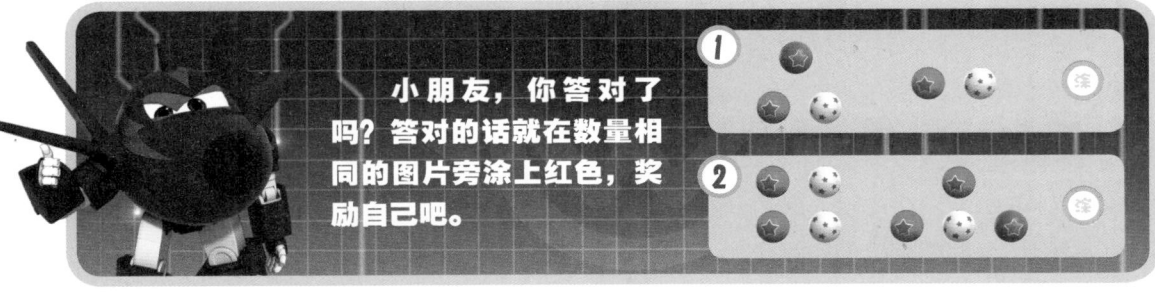

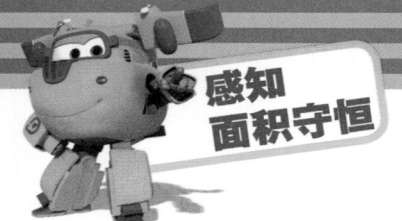

维京冒险之旅

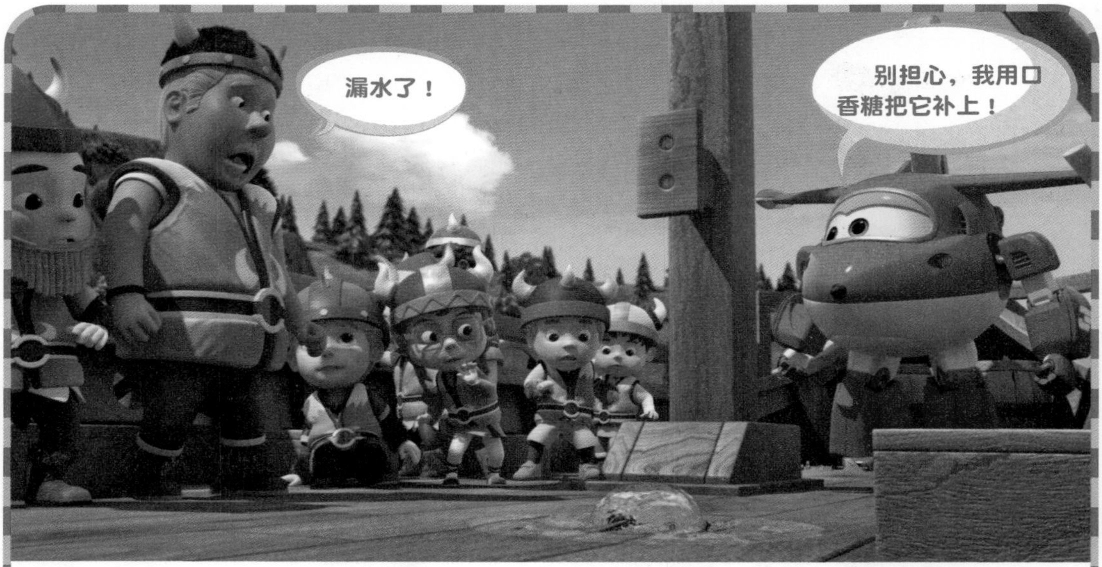

漏水了！
别担心，我用口香糖把它补上！

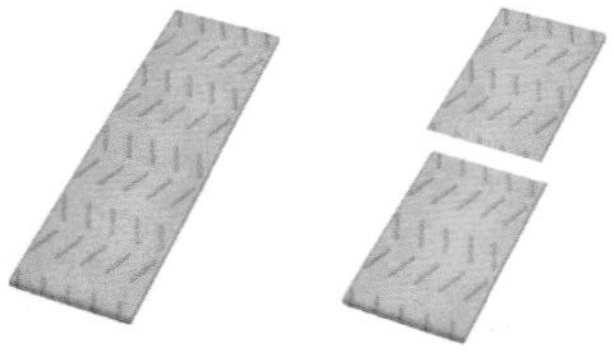

小朋友，请你看图说一说，这两块口香糖的面积是否一样呢？如果不是，请找出面积大的那一块吧。

请你说说图中形状的面积一样大吗？如果是一样大就在圆圈里打“√”，不一样大就在圆圈里打“X”。

答案

答案

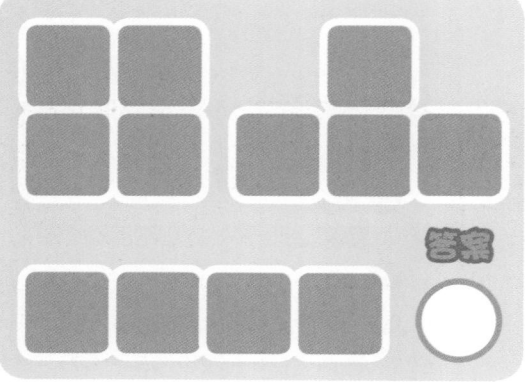

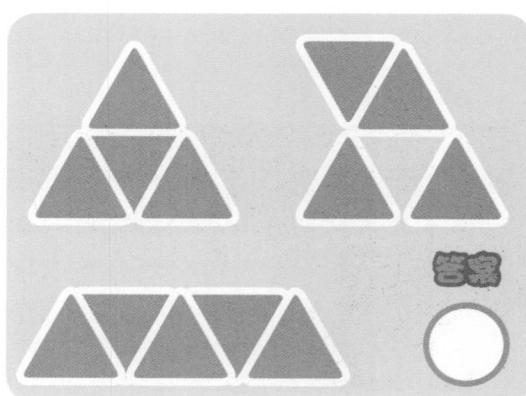

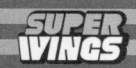

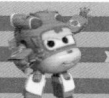

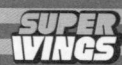

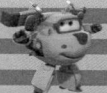

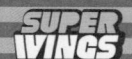

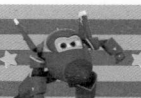

请你找出面积相同的那组图，在它们旁边的圆圈里涂上你喜欢的颜色吧。

① 答案 ◯

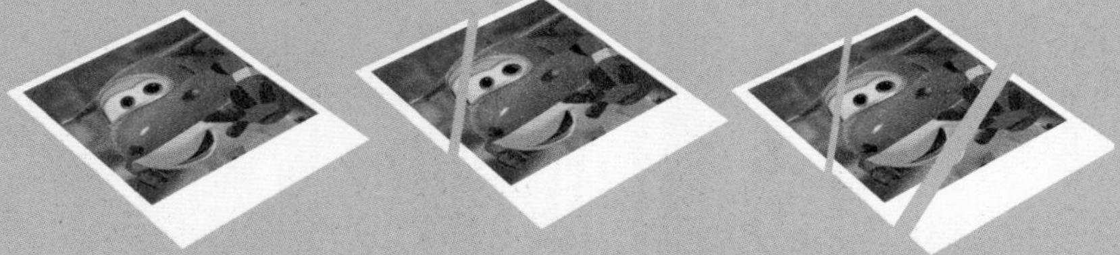

② 答案 ◯

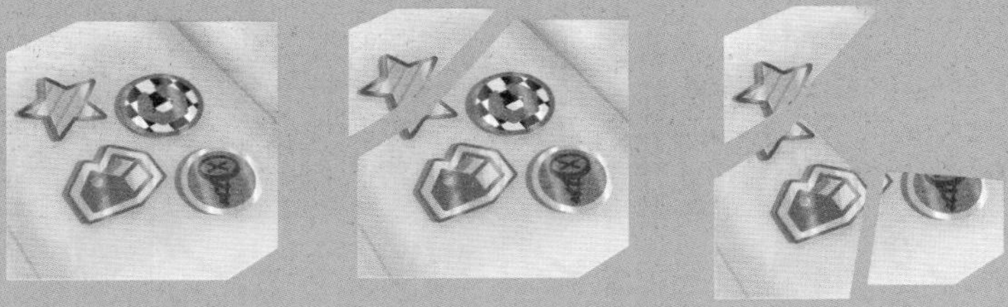

③ 答案 ◯

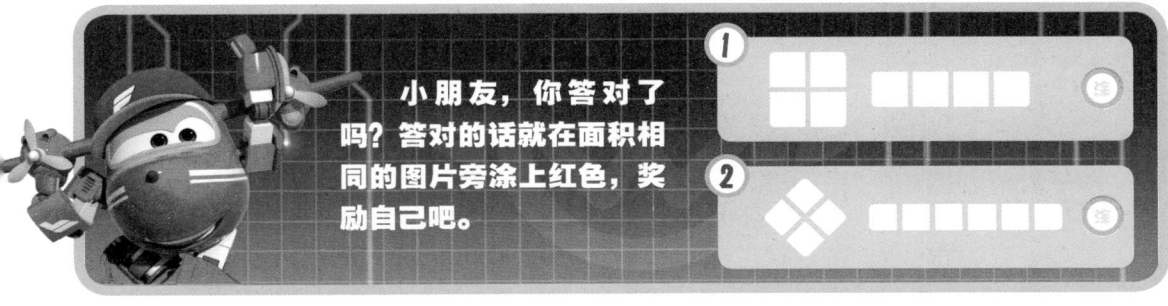

小朋友，你答对了吗？答对的话就在面积相同的图片旁涂上红色，奖励自己吧。

好吃的奶酪

我们来做奶酪吧！

小朋友，乐迪和斯文将同样多的水分别倒入不同的容器里，请你说一说，谁容器里的水会多一些呢？

下面哪组容器中装的颜料是一样多的，请在这组后面的圆圈里打"√"。

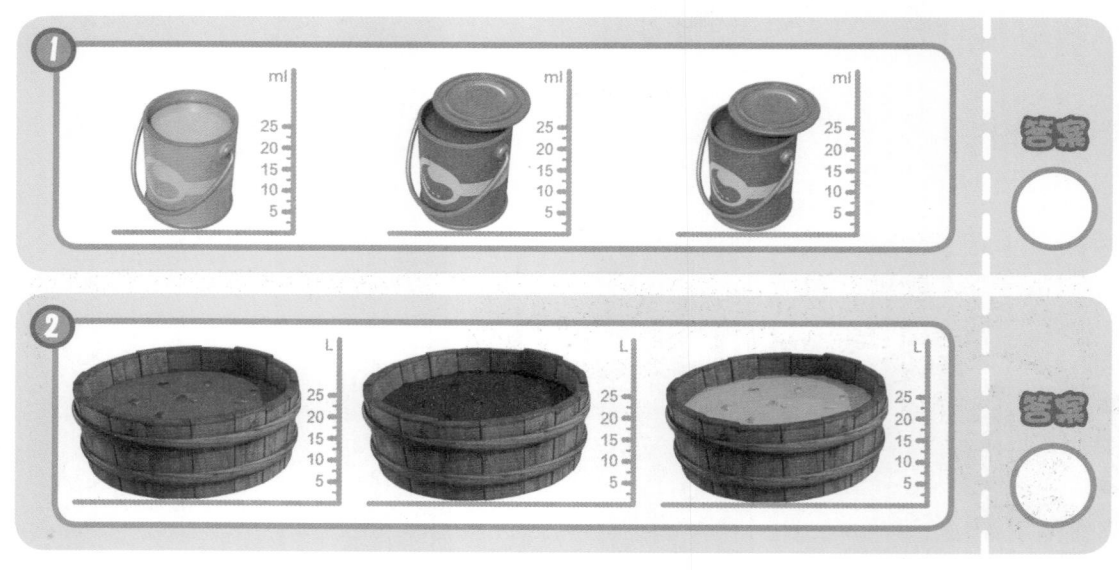

每个容器可以装多少缸水，旁边就画了几个鱼缸。请你把能装同样多水的容器用线连接起来。

P5

P6

乐迪高，小朋友矮。

P9

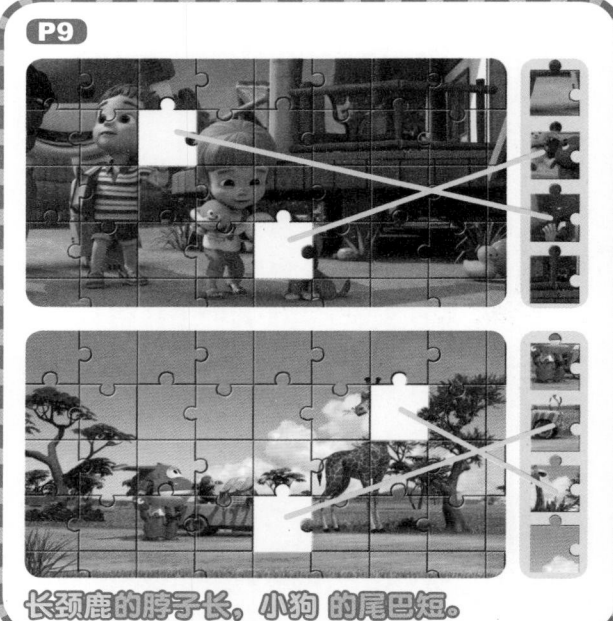

长颈鹿的脖子长，小狗 的尾巴短。

P7

乐迪最高，小朋友们最矮。

P11

P8

长的

短的

P12

细的　　粗的

P13

魔法棒粗，
吸管细。

P14

重的　　轻的

P15

石头是重的，风筝是轻的。

P16　黄粉规律

P18　红蓝黄规律

P17

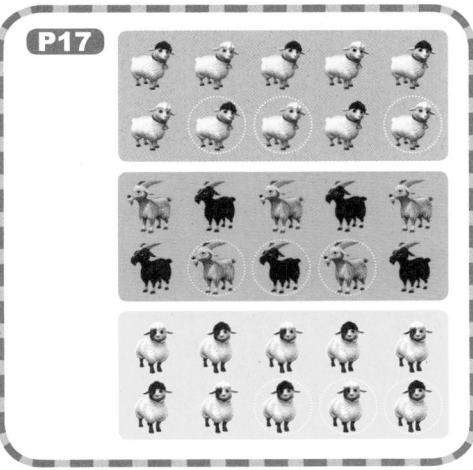

P19

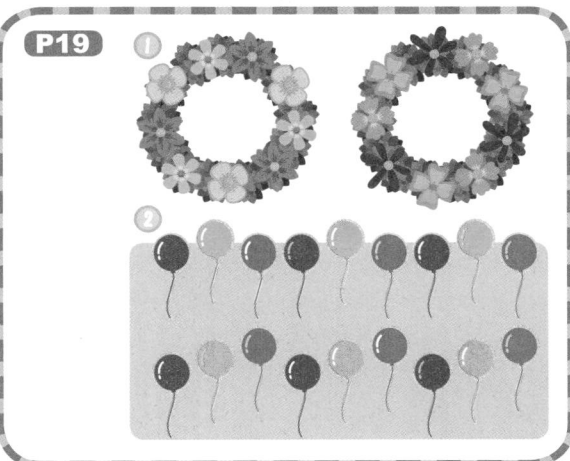

P20 蓝灰白白规律

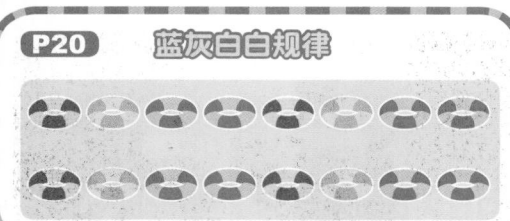

P22 食物类和用品类

P21

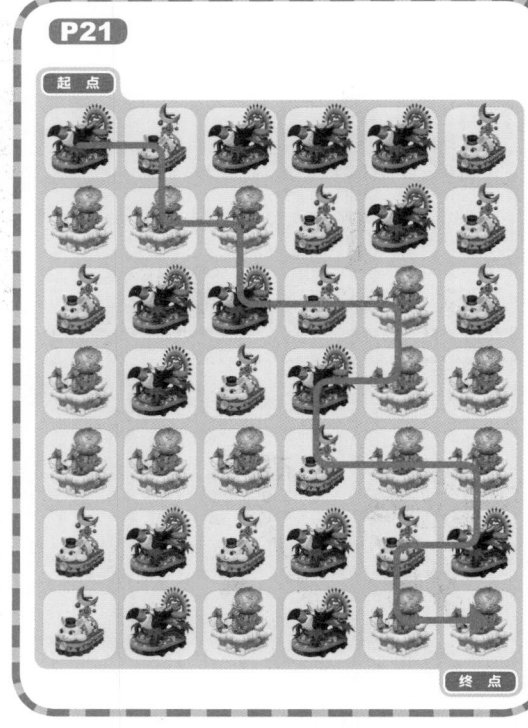

P23

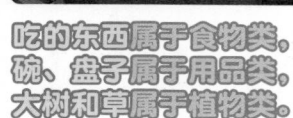

吃的东西属于食物类，
碗、盘子属于用品类，
大树和草属于植物类。

P24

P26

P25

46

P27

P28

P29

卡文最高排第 1，乐迪排第 2，袋鼠妈妈排第 3，露比排第 4，小袋鼠最矮排第 5。

P30

P31
大象最多，运动员排第 2，羚羊排第 3，长颈鹿排第 4，小象最少。

P32

P33
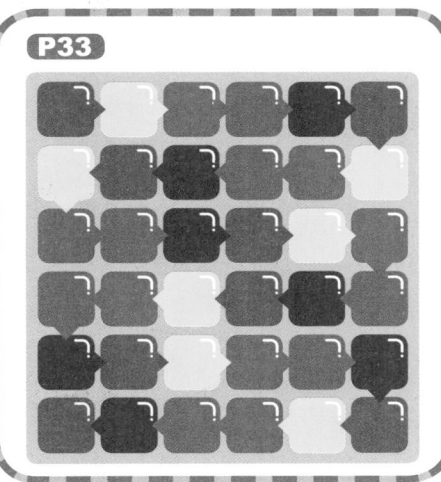

P35

47

答案

P34

④ ①

P36 三个盒子一样长

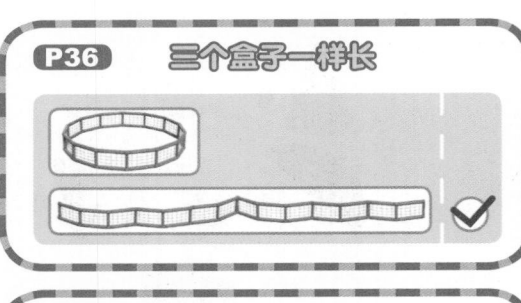

P37

一样长 最长 最短 一样长

P38 第二组刺角瓜多

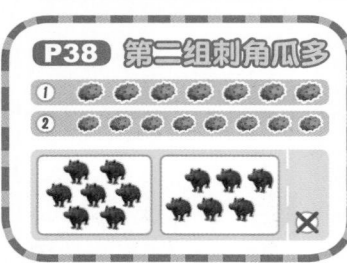

P39

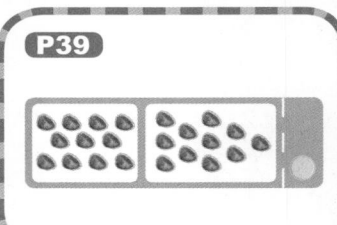

P40 两块口香糖的面积是一样的

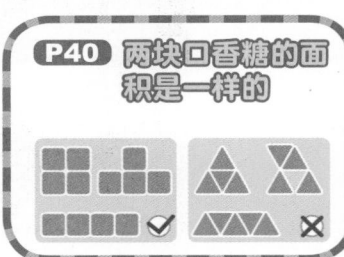

P41

P42 水是一样多的

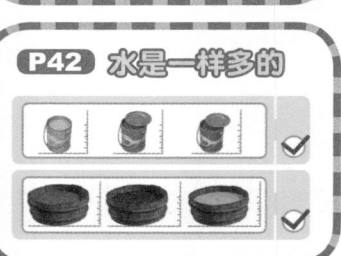

P43

超级飞侠 3

好玩的数学

专为3~6岁儿童打造的数学启蒙书
让孩子在"玩"中培养数学思维
内容轻松、科学，贴近儿童生活

- 认识数、数量关系
- 掌握加减法运算
- 培养数学运用能力

- 比较轻重、薄厚等
- 提高分析判断能力
- 培养逻辑思维能力

- 认识时间、钟表
- 加强推理能力
- 培养学习数学的兴趣

- 认知形状、图形
- 培养空间想象能力
- 掌握数学思维能力

绿色印刷

欢迎关注英童书坊公众号

扫二维码
进入MPR阅读世界

TIANDAI
Multimedia Publishing
天代出版

ISLI

上架建议：少儿读物
ISBN 978-7-5581-2660-4
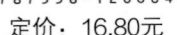
9 787558 126604 >
定价：16.80元

支持原创 购实正版
www.iftoon.cn
253890737

普通高等教育"十三五"规划教材

JIXIE YUANLI

机械原理

邓茂云　主　编

刘洪斌　郑　严　副主编

中国石化出版社

HTTP://WWW.SINOPEC-PRESS.COM